科普漫畫系列

漫畫
萬物起源
中華智慧

洋洋兔動漫　著

新雅文化事業有限公司
www.sunya.com.hk

目錄

享譽世界的大發明

奇思妙想的生活用品

卐 垂涎欲滴的中華美食

卐 流傳至今的文明產物

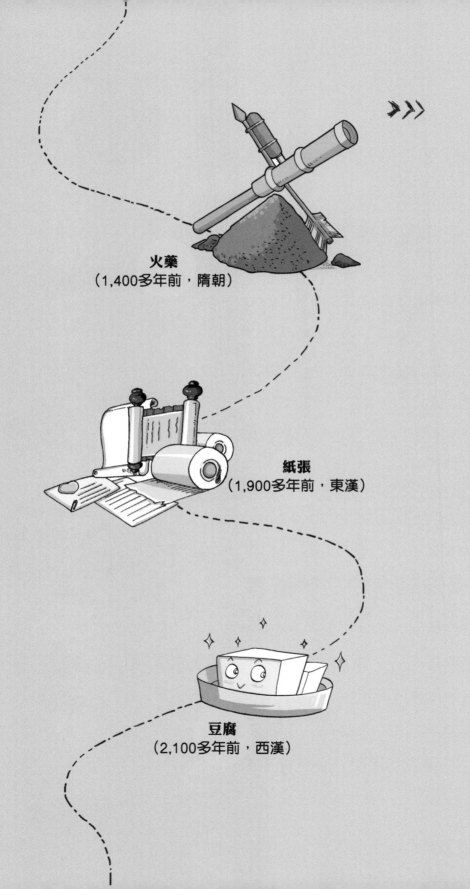

火藥
（1,400多年前，隋朝）

紙張
（1,900多年前，東漢）

豆腐
（2,100多年前，西漢）

享譽世界的 大發明

中國是四大文明古國之一，在悠久的歷史中誕生了很多偉大的發明。這些發明不但被中國人沿用至今，更在全世界範圍內廣泛流傳，深遠地影響和改變了人們的生活。

煉丹的意外收穫
——火藥的由來　(1,400多年前，隋朝)

- 火藥，由硝石、木炭和硫黃混合而成。
- 傳統的火藥為黑色，故稱為「黑火藥」。
- 火藥是中國古代的四大發明之一，距今已有1,400多年的歷史。

中國古代，皇帝們大多沉醉於成仙、長生不老的幻想中，所以他們派人大力研究煉丹術。火藥就是這一過程中的偶然產物。

說，寡人吃了這仙丹怎麼會頭暈？

糟了，這丹藥裏含有硫黃、砒霜等毒物，難怪陛下頭暈⋯⋯

這應該怎麼辦？

嗯，怎麼回事？

呵呵，陛下，這是成仙的先兆啊！

7

硫黄二兩⋯⋯

快,今天是最後限期,大王一會兒就要來拿仙丹了。

就這樣,煉丹術家們加入了硫黃、硝石和木炭為仙丹去毒,結果怎麼樣呢?

嘭!

為什麼會爆炸呢？這是因為硝石、硫黃和木炭在一起時發生的劇烈化學反應。

1. 硝石的主要成分是硝酸鉀，遇上高熱它可以釋放出大量的氧氣。

2. 有了充足的氧氣，被加熱的硫黃和木炭就會劇烈燃燒。

3. 硫黃和木炭燃燒時會產生大量的熱和氣體，使壓力瞬間增大許多倍。

4. 在有限的空間裏，就會發生爆炸。

最初，火藥被用於馬戲雜技表演和煙花爆竹中。由於火藥能夠爆炸產生濃煙，人們就在馬戲和木偶劇中用它來製造煙火，營造氣氛。

後來，火藥被應用到軍事上，在戰場上展現出強大的威力。宋朝時，人們進一步發明了火箭，並且有了火槍、火炮，使當時軍隊的軍事實力在世界上遙遙領先。

後來，火藥流傳到西方，大大推進了歷史的發展。

火藥在生活和軍事中有着極其重要的作用。13 世紀初期和中期，火藥傳到阿拉伯國家；13 世紀後期，歐洲知識分子才從阿拉伯書籍中得到有關火藥的知識；14 世紀初期，歐洲才開始製造火藥武器。同時，火藥的發明大大地推進了歷史發展的進程。

廉價方便的寫字材料
——紙張的由來 （1,900多年前，東漢）

- 造紙術是中國古代的四大發明之一。
- 紙可以用於書寫、印刷、繪畫或包裝等。

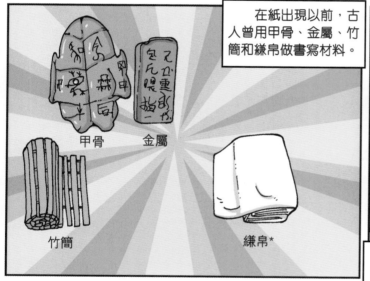

甲骨　　金屬

竹簡

縑帛*

在紙出現以前，古人曾用甲骨、金屬、竹簡和縑帛做書寫材料。

皇后娘娘的字寫得真漂亮！

東漢時期，有個喜歡舞文弄墨的皇后叫鄧綏。

唉，我一直都崇尚節儉，用縑帛練字實在是太浪費了。

鄧綏

蔡倫

這個……我來想想辦法。

12　*縑帛：按書寫需要裁剪好的絲絹材料。

蔡倫是皇宮裏的宦官*，十分聰慧，深得鄧皇后的重用。他決心造出廉價的紙張來取悅鄧皇后。

我一定要造出又輕便又低廉的書寫材料！

蔡倫路過河邊，看到很多婦女在漂洗蠶繭。

你們這是在做什麼？

我們是養蠶人，在漂洗蠶絲。

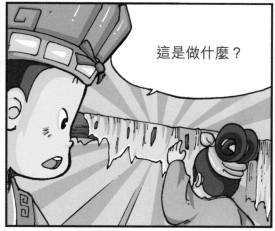

這是做什麼？

*宦官：古代受過宮刑，專門在皇城內伺候皇帝及其家人的官員。

這東西看起來很薄啊！

這是漂洗後留下的一層絲絮，這個另有用處。

有什麼用處？

我們用它來補窗戶、包東西，丈夫甚至用它來寫字呢。

這東西可以用來寫字？太好了！

這種絲紙還不算是真正的紙，它的原料是蠶絲，不僅產量少，而且價格很昂貴。

能不能用樹皮、破麻布、舊漁網這些廉價的東西來造紙呢？

回去馬上着手試驗。

是！

果然有效，但還需要改進。

是！

15

這種紙一定很好用！

蔡大人太偉大了！

皇后，這是我們新研製的紙。

請你試寫一下吧！

好。

感覺真不錯，既輕薄又吸墨，真是好紙啊！重賞蔡倫！

謝皇后。

哈哈，有了這種廉價的紙張，天下的讀書人就不用愁了。

後來，蔡倫被封為「龍亭侯」，從此成為貴族，由他監造的紙則被稱為「蔡侯紙」。

造紙術是中國古代的四大發明之一，到8世紀，紙已經在我國得到廣泛使用。751年，唐朝和阿拉伯帝國發生衝突，阿拉伯人俘獲了幾個中國造紙工匠。沒過多久，造紙業便在撒馬爾罕和巴格達興起，繼而逐漸在阿拉伯其他地區傳開。而直到蔡倫改進造紙術後的一千多年，歐洲才建立了第一個造紙廠。雖然現代的造紙工業已經很發達，但其基本原理仍跟蔡倫造紙的方法相同。

白紙 為什麼會發黃

　　細心的同學會發現，存放時間較長的書報，往往會「悄悄地」發黃，有些紙張甚至會變得「弱不禁風」，多翻幾下就會破損。這是為什麼呢？

　　紙張大都是以木材為原料製成的，含有大量的木質纖維素。纖維素本來是白色的，但是在空氣中放置久了，就會與空氣中的氧氣結合變成黃色。

　　大自然的光線也是紙張的天敵。它能和紙的纖維起光化學反應，漸漸地，報紙也會發黃變脆，失去剛使用時的韌性。

　　於是我們就會發現，存放很久的書報會變得又黃又脆。所以，博物館的珍貴書籍文物都是在注入氮氣的密封箱中保存的。

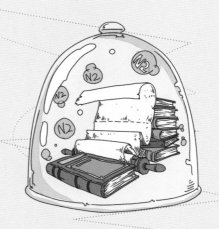

紙杯也能燒水？

　　眾所周知，紙遇到火就會馬上燃燒起來。但是，你聽說過紙杯也能燒水嗎？這聽起來簡直是不可思議！接下來就讓我們通過下面的小實驗，一起來了解「紙杯燒水」的科學原理吧！

準備材料：
紙杯、蠟燭、火柴、膠帶和細鐵絲。

📣 **實驗步驟：**

1. 用鐵絲綁住紙杯的下半部。

2. 把蠟燭固定在鐵絲的另一頭，纏上一圈膠帶使其更穩固。

煉製長生不老藥的意外驚喜
——豆腐的由來 （2,100多年前，西漢）

- 豆腐用黃豆製成，是中國的一種傳統食品。
- 它的做法應用了一種化學反應。

西漢時，劉安是漢高祖劉邦的孫子，被封為淮南王。

王爺，你現在位高權重，還有什麼可發愁的呢？

劉安

人都有生老病死，我只要一想到自己難逃一死，就覺得傷心難過。

那你可以學習長生不老之術啊。

長生不老？
怎麼學？

你可以貼出告示，以重金招納天下方士*，讓他們為你找尋長生不老的秘方。

好主意，你趕快去辦。

於是，劉安招納了很多方士，其中最出名的有八個人，號稱「八公」。

不知各位對長生不老之術有何見解？

*方士：古代研究醫學、神術、五行八卦的人，尋求長生不老和求仙的方法。

王爺，凡人要想長生，必須要吃長生不老的丹藥！

我認為，應該去深山中修煉！

修煉！

煉丹！

好啦，不要吵了，先去煉丹！

劉安在八公的陪伴下，登上北山，建造丹爐，用來煉製丹藥。

王爺，我們要用山中的泉水磨製黃豆汁，再用豆汁製作丹藥。

好，就照你說的辦！

幾天後……

這是什麼？

這就是你煉出的仙丹嗎？怎麼是白色的？

原來方士們在豆汁中加入了石膏水，卻沒想到讓豆汁神奇地凝固了。

呵呵，仙丹還沒成。這是豆汁與石膏混合後偶然煉製出來的東西。

恭喜王爺發明了一種新的食物，這可是造福萬民的事啊！還請王爺賜名！

這由豆汁生成的東西，不如就叫豆腐吧！

劉安發明的豆腐在凝固性和口感上並不像現在的豆腐這麼好，因此未能成為可以烹飪的食材。但是在他之後，隨着製作豆腐的程序不斷地改善，製作出來的豆腐品質也越來越高，豆腐才終於成為飯桌上重要的食品之一。

豆腐大盤點

降血壓　降血脂　降膽固醇

豆腐是一種以黃豆為主要原料的豆製品，也是一種營養價值極高的食物。它富含的植物蛋白質更容易被人吸收。並且，豆腐的蛋白質含量較高且低脂肪，不會使人肥胖，對身體還十分有益。

📢 豆腐的傳播和發展

豆腐發明後，逐漸傳到國外，尤其在日本最受歡迎。豆腐在宋朝時傳入朝鮮，19 世紀初才傳入歐洲、非洲和北美洲。如今豆腐在越南、泰國、韓國、日本等國家已成為主要食材之一。過去製作豆腐步驟煩瑣，現在已經可以用方便的機器在家自製豆腐了。

古代豆腐石磨　　　　　　　　現代家用豆腐機

鹵水點豆腐

除了故事裏的石膏水，還有一種溶液可以製造豆腐。「鹵水點豆腐，一物降一物」，說的就是這種神奇的溶液。熱騰騰的豆漿，只要加入一些鹵水，就會變成一團像棉花的東西，把它們用布包起來，放在方形的容器中壓一壓，就會變成我們熟悉的豆腐了！那麼，鹵水怎麼會有這麼神奇的效果呢？

📢 鹵水是海水或者鹽湖水在製鹽之後，殘留在鹽池裏的液體。將其蒸發冷卻後析出的結晶再溶於水，就變成了鹵水。

📢 鹵水中有鈣、鎂等金屬離子，當它被加到煮沸的豆漿裏時，這些金屬離子會和豆漿中的蛋白質發生化學反應。

📢 這種反應讓豆漿裏的蛋白質相互凝聚沉澱，一段時間後，這些沉澱物就成了我們壓製豆腐的原料。

豆腐的製作工序

泡豆

1. 選出新鮮又飽滿的黃豆，然後將它們浸泡在水盆中。

磨漿

2. 把泡好的黃豆放入石磨中，一邊加水，一邊將其磨成豆漿。

濾渣

3. 將磨好的豆漿放到容器中，用紗網過濾。

成型

7. 把凝固的豆漿倒在鋪有棉布的木格內擠壓成型，豆腐就做好了。

包漿

6. 將加過鹵水的豆漿倒出來，用紗布包好，等它慢慢冷卻凝固。

點鹵

5. 倒出煮沸的豆漿，加入少許鹵水。

煮漿

4. 取過濾後的生豆漿放入鍋內，猛火加熱煮沸。

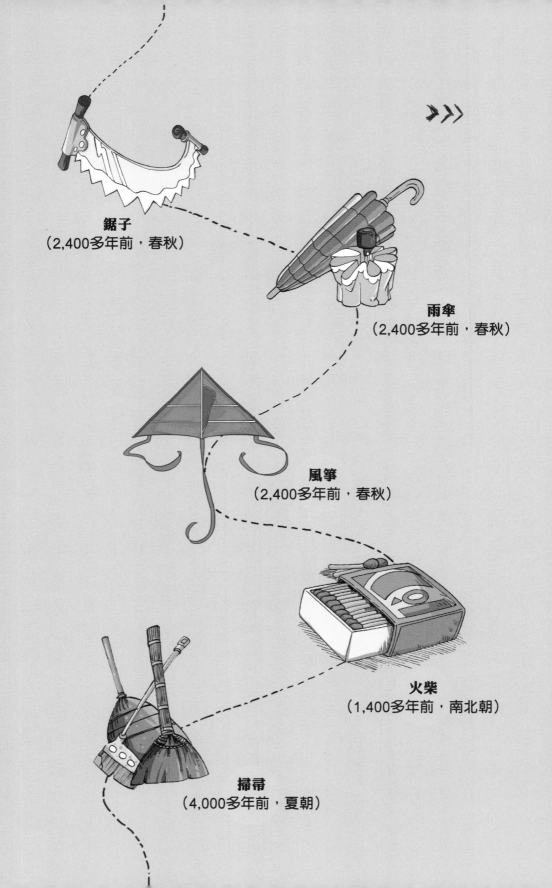

鋸子
（2,400多年前，春秋）

雨傘
（2,400多年前，春秋）

風箏
（2,400多年前，春秋）

火柴
（1,400多年前，南北朝）

掃帚
（4,000多年前，夏朝）

奇思妙想的
生活用品

　　生活中我們常常會用到很多十分方便的小道具，你有想過它們是由我們聰明的祖先發明的嗎？就從這些我們時常接觸的東西上來感受下我們偉大先人的奇思妙想吧！

用鋼鐵打造的茅草葉
——鋸子的由來 (2,400多年前，春秋)

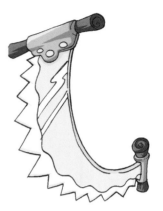

- 鋸子是用來切割木料、石料、鋼材等的工具。
- 鋸條一般用鋼片製成，邊緣有尖齒。

春秋時期，魯國有位能巧的工匠叫魯班。

魯班

這個任務交給你沒問題吧！

是，國君！

他奉命建造一座宮殿，規定三年造完，如果延誤，就要被斬頭。

師傅，這樹太粗，砍不動啊！

師傅，這樣下去，木頭還沒砍完，人就先累死了。

只有三年工期，只是砍樹都不夠呀！

可是木料還差很多呀，怎麼辦？

是呀。

魯班心急如焚，為了加快速度，他每天都要提前上山選擇要砍的樹木。

35

山路好滑，真難走！

拉着野草走就輕鬆多了，哈哈！

不好！

啊！

啊，好痛！

天啊，居然流血了！

為什麼一把茅草就能划破人的手掌呢？

原來這葉子上有鋸齒啊。

如果這些小齒更堅硬一些的話，或許可以用來砍樹⋯⋯

我有辦法了！

哈哈！

魯班和徒弟們做了一把帶有許多細齒的鐵條。

就是它了！

師傅，這真的可以嗎？

不試試看怎麼知道？

嗞！

嘩，這個新工具比斧頭好用多了。

通知大家，馬上批量生產這種鐵條。

使用這個新發明的工具，魯班很快就完成了建造宮殿的任務。這個工具後來被人們稱作「鋸」。

提前完工，重重有賞！

謝國君！

1926 年，德國人安德雷阿斯·斯蒂爾在原始鋸子的基礎上發明了電鋸，以電作為動力，別名「動力鋸」，大大節省了工人的時間和體力。其實，任何東西的發明都是為我們的生活服務的。我們日常生活中，只有細心觀察，善於發現，勤於動腦，敢於嘗試，才能想出好主意。

能移動的涼亭

——雨傘的由來 （2,400多年前，春秋）

- 雨傘現在是一種能幫人擋雨雪、遮太陽的工具。
- 它設計巧妙，便於攜帶。
- 它的誕生也與工匠魯班有關。

有一天，魯班和妻子雲氏外出為村民修建房屋後回家。

看天色，不會又要下雨了吧？

我們先去前面的涼亭避一避吧！

要是涼亭的頂能跟着人走多好。這樣別說是下雨，就算是下刀也不怕了！

你力氣夠大，不如就由你來頂着亭子走吧！

你說什麼！

等等，我知道怎麼頂着涼亭走了！

你發燒了吧？我剛剛那是開玩笑的。

我們可以按照荷葉的樣子，仿造一件遮雨的工具。

真是好主意！回家我們就去做。

魯班夫妻兩人在回去的路上一直商量如何製作。

普通的木材防水性能差，而且容易腐爛，我看用竹子最適合。

我現在就去竹林砍些竹子。

把竹子處理成條，再編成像荷葉一樣的圓形。

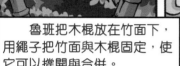

魯班把木棍放在竹面下，用繩子把竹面與木棍固定，使它可以撐開與合併。

有個聰明的好妻子，「頂着涼亭」也是一件小事啊！

師傅！我家屋頂漏雨了，你能幫幫忙嗎？

沒問題，我現在就去！

這還下着雨，真不好意思。

沒事，我有辦法！

來，也給你一個。

哈哈，我還沒想好呢，我跟你說呀……

師傅，這是什麼新奇的玩意啊？

最早的傘被叫作「簦」，時常在祭祀時使用。後來漸漸演變成我們現在所說的「傘」。

在 18 世紀的英國，傘是女性的專用品，表示女人對愛情的態度；把傘豎起來，表示對愛情堅貞不渝；左手拿着撐開的傘，表示「我現在沒有空閒時間」。直到 19 世紀，男人才開始使用雨傘。

乘風上天的木鳥
——風箏的由來 （2,400多年前，春秋）

- 放風箏是一種古老的民間遊戲。
- 因為風箏的結構設計特別，微風就足以使它飛上天。

相傳春秋時期，墨家創始人墨子花了三年時間做成了可以乘風飛行的木鳥。

木鳥木鳥高高飛，哈哈哈⋯⋯

後來，工匠魯班改進了墨子的木鳥，用竹子做了竹鳥。

竹子更輕，更容易飛起。

到了隋唐時期，造紙業發達起來，人們就改用紙張來製作「飛鳥」，這就是風箏。

紙比竹子更輕，風箏能飛得更高。

宋朝以後，放風箏成了民間傳統活動。草長鶯飛的季節，人們都喜歡到戶外放風箏。

後來，風箏上又被人們加入絲弦，風一吹就會發出像古箏一樣的聲音，所以就被叫作「風箏」。

風一吹就響，哈哈。

動手製作小風箏

1. 找一些廢舊的竹簾子，或者輕細結實的樹枝，作為製造風箏的材料，把它們切成不同長度的幾段。

2. 把剪切好的竹條（或細木枝）搭成三角形的框架，用繩子或者膠布把接頭的地方綁好，越牢固越好。這樣風箏的骨架就做成了。

3. 把紙按照做好的骨架裁剪成三角形，黏在骨架上。發揮你的想像，在上面畫一些你喜歡的圖畫，讓你的風箏看起來更漂亮。

4. 用剩下的紙剪出三個大致相同小長條，把它們貼在風箏的下面，作為風箏的尾巴。尾巴不僅能讓風箏看起來更漂亮，而且能讓風箏飛得更平穩。

5. 把線綁在骨架上，最好用專門的風箏線，以免其受力過大而斷掉。這樣，風箏就做好了，可以去放風箏了！

不簡單的風箏

　　風箏在西方被稱為「世界上最早的飛行器」和「中國的第五大發明」。歷史上,風箏並不單是一種玩具,它曾經起到許多非常重要的作用。

求救信號

　　南北朝時期,梁武帝被侯景圍困,就曾放風箏來求救,就像現在人們利用「SOS」信號來求救一樣。

> 風箏高高飛,救兵快快來。

> 嘩!天降炸雷啊!

古代的「轟炸機」

　　明朝時期,軍隊將領們在風箏上裝上炸藥,將風箏放飛到敵人陣地,利用碰撞的原理,引爆風箏上的炸藥,簡直就是一架架簡化版的「轟炸機」。

飛行器的始祖

　　風箏傳入歐洲後,對滑翔機和飛機的出現產生了重要的推動作用。人們正是通過研究風箏的飛行原理,才成功地發明了滑翔機和飛機。

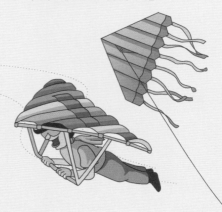

一擦就起火
——火柴的由來 （1,400多年前，南北朝）

· 火柴是一種通過摩擦生火的取火工具。

古時候，人們取火的方式非常原始。

鑽木取火

打火石取火

從意外中取火

這些取火方式都很困難，所以火種很珍貴，甚至要有專人看管。

剛才有陣大風把火吹滅了。

給我拉出去斬！

前方戰事怎麼樣了？

我方物資短缺，情況很不利。

我國古代也有這個困擾。南北朝時有個國家叫北齊，因戰爭不斷，腹背受敵。

缺什麼？

缺少火種，做飯也成問題，已經影響到了士兵們的士氣。

唉，這個要好好想辦法！

是呀，天氣寒冷，很多火種都沒了，這些日子我們一直靠鑽木取火。

咦，宮裏也沒火種了嗎？

這些粉末是什麼？

這是磷粉，把它塗在木棍上，鑽木取火就容易很多了。

真的？讓我看看。

真是想不到啊，加了磷粉之後，取火竟如此簡單！

偶然發現，讓陛下見笑了。是奴婢下的。

快，把這種方法推廣到軍營！

好！

我差點兒都忘了熟食是什麼味了！

謝陛下賞賜！

哈哈，以後就不愁火種的問題了！重賞她！

這原理其實和火柴的相似。不過到1826年，英國人沃克才發明了現代常見的摩擦火柴。

樹膠　水　硫化銻

火柴　火柴梗　氯酸鉀

太棒了，不用再鑽那些木頭了。

　　現在，還研發出許多功能性的火柴，其中有一種是信號火柴。這種火柴長約 38 厘米，用 7 層紙捲成，火柴頭佔全長的近 1/3，像一根棍棒。點燃之後，會發出紅色、藍色或白色的火焰，可以持續燃燒十幾分鐘，在風雨中也不會熄滅。因為它的亮度特別大，所以能幫助遇險的火車、輪船發出求救信號。

火柴的製造方法

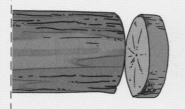

> 1. 將白楊木切割成火柴棍長度的小段，把切好的小段再削成厚薄程度和火柴棍的粗幼差不多的一片。

> 2. 通過專業的切割機把薄木片切成成千上萬的火柴棍。

> 4. 把浸泡好的火柴棍插在一個帶有無數小孔的傳送帶上，接着就要給火柴棍安裝火柴頭了！

> 3. 把切好的火柴棍浸入磷酸二銨中，浸泡後可讓火柴棍更耐燒。

石蠟

火柴為什麼會燃燒？

燃燒是一種發光、發熱的劇烈化學反應。

📢 燃燒必須同時滿足三個條件──可燃物、溫度達到燃點、氧氣。

只要溫度達到它的燃點就可以燃燒了。

鑽木取火就是摩擦生熱的原理，靠達到燃點來取火。

📢 木頭中有大量能成為可燃物的碳。當碳在空氣中被加熱到燃點時，木頭就會隨之燃燒。

📢 燃點是物體開始並繼續燃燒的最低溫度。由於木材材質和乾濕程度不同，所以燃點不固定，一般在 200℃ 到 300℃ 之間。

魔力小實驗

怎麼讓火柴自己動起來

準備材料： 幾根火柴、牙膏、一個裝滿水的水盆、小刀。

📢 從中間切開每一根火柴。

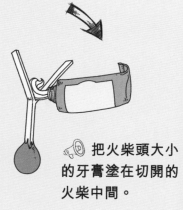

📢 把火柴頭大小的牙膏塗在切開的火柴中間。

真相大揭秘

　　水分子之間存在一種表面張力，這種力還會作用在浮於水面的物體上。在沒有外界干擾的情況下，火柴所受的這種力是平衡的。但牙膏中的活性劑能減少水的表面張力，所以塗了牙膏的火柴棒受力不平衡，就會在水盆中慢慢移動起來。

📢 把處理過的火柴棍放在水盆裏面，你會發現火柴在水盆中動起來了。

野雞尾巴的啟示
——掃帚的由來 （4,000多年前，夏朝）

- 掃帚又稱掃把，是掃地除塵的工具。
- 據說這種遍佈全世界的工具起源於中國。

在大約4,000年前的夏朝，有位叫少康的帝王，天資聰穎，善於創新。

嘩，空氣清新，天氣真好！

乞嚏！

咳咳！這是怎麼回事呀？

大王，我在這裏。

為什麼這裏有如此多的塵土！

大王恕罪呀！

最近風大，小人已經派了幾十個僕人用布擦了一夜，但還是有這麼多灰。小人真的不知該如何清理了！

算了，憑你的智慧也解決不了，去給本王倒杯熱茶吧。

是，大王。

塵裏有根羽毛？

嗯？

唰唰
唰唰

原來是一隻野雞啊。

地面被掃乾淨了。

有了!

給我抓住牠!

大王，我抓住牠了！

把牠身上的毛拔下來然後綁在一起，以後用來掃地。

是！

這個行嗎？

幾天後……

怎麼樣，效果如何？

大王，灰塵是可以打掃掉，但是塵土太重，雞毛太軟，掃起來太費力。

而且不耐用，毛一天就磨掉了，這要抓多少隻野雞才行啊！

嗯，你去把茅草跟雞毛綁在一起試試！

大王的辦法真多，我來試試看！

哈哈，這次怎麼樣？

嘩，這次省力又乾淨。大王英明啊！

　　因為掃帚很常見，它甚至影響了神話傳說。在中國古代，人們把拖着長長尾巴的彗星稱為「掃帚星」。古人認為掃帚星是災星，它會把災禍帶到人間。在西方傳說中，掃帚是魔法師的交通工具，很多會魔法的人物都是騎着它在天上飛來飛去的。

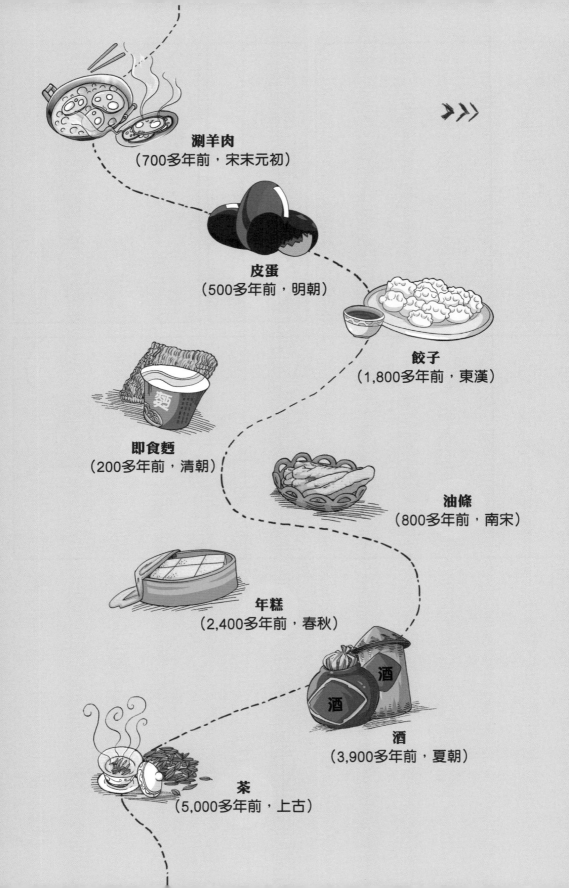

涮羊肉
（700多年前，宋末元初）

皮蛋
（500多年前，明朝）

餃子
（1,800多年前，東漢）

即食麵
（200多年前，清朝）

油條
（800多年前，南宋）

年糕
（2,400多年前，春秋）

酒
（3,900多年前，夏朝）

茶
（5,000多年前，上古）

垂涎欲滴的
中華美食

　　中國在幾千年的歷史中創造了數不清的美食。今天，當你吃着美味的小吃時，有沒有想過它們的由來呢？下面就來講講關於中華美食的故事吧。

忽必烈的行軍口糧
——涮羊肉的由來 （700多年前，宋末元初）

• 涮羊肉又稱「羊肉火鍋」，是一種人見人愛的美味佳肴。

*忽必烈：蒙古族人，是一位政治家、軍事家。他建立了元朝，被稱為元世祖。

隨軍廚師

大汗*，你今天想吃什麼？

離家這麼久了，我很懷念家鄉的清燉羊肉啊！

大汗稍等，我這就去宰羊，為你燉鍋羊肉。

好，好。

報告!

大汗，前方有敵軍逼近！

大汗，敵情不等人啊！

命令部隊集合，等打勝仗後，再回來吃飯！

*大汗：古代遊牧民族對首領的尊稱。

戰士們，做好準備，隨我出征！

如果因為沒吃飽而打了敗仗，我的小命也就保不住了，我要想個辦法才行。

羊肉太厚，需要很長時間煮熟，但如果我把羊肉削得薄薄的……

唰唰唰

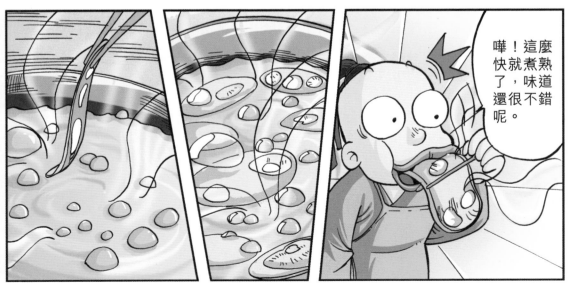

嘩！這麼快就煮熟了，味道還很不錯呢。

再加點兒調味料，
相信味道會更好！

大汗，上陣前先
吃一碗羊肉吧。

這樣的羊肉
能好吃嗎？

太好吃啦，吃飽了
才有力氣殺敵！

隨後，忽必烈率
軍迎敵，旗開得勝。

這次能取得勝利，都是那道煮羊肉片的功勞。來人，端上來給將士們嘗嘗！

真是太好吃了！這到底是怎麼做出來的？

其實是因為當時時間緊迫，我就把羊肉切得特別薄，放在沸水裏一涮，等肉色一變就撈進碗裏，最後加點調味料就做成了！

原來做法竟如此簡單，以後我們再打仗的話，這東西就大派用場了。

此菜還沒有名稱，還請大汗賜名！

既然是涮出來的羊肉，那就叫「涮羊肉」吧！

從此，「涮羊肉」就成了宮廷佳肴。後來，它的做法漸漸流入了民間。

因為有了忽必烈急於吃飽上戰場殺敵這件事，才成就了「涮羊肉」這一美食。最初「涮羊肉」一度被作為宮廷佳肴，一般平民很難吃得到。直到清末，一個太監從皇宮中偷走了「涮羊肉」的調味料配方，才令這道美食傳至民間，為普通百姓所享用。

爐灰裏挖出的「變色蛋」
——皮蛋的由來 （500多年前，明朝）

- 皮蛋又叫「松花蛋」，是中國特有的一種傳統美食。
- 皮蛋奇特的顏色和香味一直令外國人覺得非常神奇。

相傳500多年前的明朝，江蘇吳江有一家小茶館。

老闆每次換茶時，總是把泡過的茶葉倒在旁邊的爐灰裏……

老闆，換茶！

來了！

茶水房

老闆還養了幾隻可愛的鴨子，它們總喜歡在爐灰裏下蛋。

嘎

嘎嘎

幾天後……

這幾隻死鴨子，居然又跑到這裏下蛋！

唉，也不知道幾天了，看上去好像都壞掉了！

剝開看看！

你被水燙到手了？

娘子，快來看。

我的天哪！

這蛋是哪來的？

是鴨子下在爐灰裏的！這不是重點！你看，蛋白都凝結到一塊兒了，透明得像寶石一樣。

是啊，還有股子香氣。

嘩，鮮滑爽口，好吃！

喂！萬一有毒呢？

這麼好吃，哪裏會有毒！

既然好吃又沒有毒，看來我們又有新生意了！

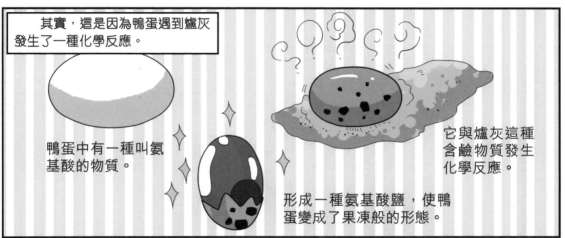

其實，這是因為鴨蛋遇到爐灰發生了一種化學反應。

鴨蛋中有一種叫氨基酸的物質。

它與爐灰這種含鹼物質發生化學反應。

形成一種氨基酸鹽，使鴨蛋變成了果凍般的形態。

後來，小茶館裏賣起了皮蛋，生意更加興旺。

皮蛋的誕生源於一個意外，但故事中的主角卻抓住了這次意外，進行了大膽的嘗試，才造就了「皮蛋」這一特色食品。

神醫的良藥
——餃子的由來 （1,800多年前，東漢）

- 餃子原名「嬌耳」，是一種有餡的麵食。
- 相傳是我國東漢醫學家張仲景首先發明的。

醫學知識豐富的張仲景曾經做過長沙太守，某年冬天他告老還鄉，看到很多百姓在寒冬中挨餓，心中很難過。

唉，窮苦百姓忍饑受寒，耳朵都凍傷了，這如何是好啊？

別擠別擠，排隊進啊！

得知名醫張仲景回家，很多人紛紛慕名前來就醫。

唉！

你治病救人，人人愛戴，還有什麼煩心事嗎？

還有很多看不起病的人在受苦，我心裏很是不安！

是啊！可是你只有一雙手，怎麼忙得過來？

得想個辦法！

對了，我可以在門口放個大鍋，免費為病人送藥食！

張醫師準備了大鍋，不知道裏面是什麼？

這是張醫師的神藥，名叫「祛*寒嬌耳湯」，專治耳朵凍傷。

樣子好奇怪啊！

是啊！

*祛：驅逐，除去的意思。

大家排好隊，每人兩隻嬌耳、一碗湯！

這東西還真像耳朵。真好吃！

當時正趕上新年，老百姓就從冬至吃到除夕，抵禦了嚴寒治好了耳朵。

嘩，吃完渾身發熱，血液暢通，真的不冷了！

張醫師的藥真靈，我的耳朵好了！

我也是，而且還醫好了風寒，現在我已經不流鼻涕了。

張仲景生活在約 1,800 年前,他做「祛寒嬌耳湯」的故事一直在民間廣為流傳。每逢冬至和大年初一,人們吃着餃子,心裏都會想起張仲景。如今,我們已經不再用吃餃子治療凍傷的耳朵了,但餃子卻成了我們的一種傳統美食。

過年_{的習俗}

貼春聯

每當過年的時候，家家戶戶都會在門的兩邊貼上紅紅的春聯。春聯一般包括上聯、下聯和橫批。按照傳統，上聯應該貼在門的右邊，下聯貼在左邊，橫批貼在中間。

放鞭炮

過年少不了放鞭炮。其實，過年放鞭炮的習俗和一隻叫「年」的怪獸有關。傳說，很久以前有一隻叫「年」的怪獸，每到春節時就跑出來傷人。於是，人們就放鞭炮來嚇走它。

利是錢

過年的時候，長輩都會把利是錢裝進利是封裏給晚輩作為祝福。早期的利是多會放一張以毛筆書寫了吉祥字句的紅紙，逐漸演變成現在會把金錢放入利是封內，以表心意。

學學如何包餃子

1. 準備適量的麵粉，然後加水揉成麵團。

2. 把揉好的麵團切成一個個小麵團，用擀麵棍把小麵團擀成餃子皮。餃子皮要圓，四周薄，中間略厚。

3. 把餃子皮攤平，將預先做好的餃子餡放在餃子皮正中。

4. 將兩邊的餃子皮對折，然後將餃子皮捏緊，越緊越好。將餃子擠壓出漂亮的花紋。

5. 把包好的餃子放入開水中煮熟，好吃的餃子就完成了！

隨吃隨煮的速食麵
——即食麵的由來 （200多年前，清朝）

- 人人都享受過現代即食麵的便捷，它的發明人公認為是安藤百福。
- 不過，在中國古代就有類似即食麵的麵食了。

相傳，清朝的伊秉綬曾出任揚州知府，他愛吃麵條，又喜歡交友。他做的麵條美味無比，朋友們都讚不絕口。

聽説伊兄的麵條做得鮮美無比，我是特地來品嘗的，幾位也是為此而來的吧？

是！

正是，正是。

各位朋友專程來品嚐在下的手藝，在下一定讓大家滿意！

吃不飽，我們可不走啊！

一定一定。

上麵。

真是太棒了！

伊秉綬的麵名氣越來越大，慕名前來的人更多了。

這麼多人，要想個辦法提高效率啊！

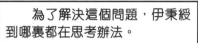

為了解決這個問題，伊秉綬到哪裏都在思考辦法。

這是……

對啊，我可以先把麵煮好吹乾，吃的時候直接煮開就可以了！

這樣乾得好慢啊……

有了，我可以用油炸！

加水

經過炸製的麵本身已經是熟的，並且表面佈滿細小的空洞，所以加入開水後可以迅速軟化，很快就可以食用。

定型快，保質期長，隨吃隨煮，太方便了！

今天上麵怎麼這麼快，上次可是等了半個時辰呢。

因為我早就把麵做好了。即吃即煮，方便快捷，我給它取名叫「伊府麵」。

高，實在是高！

這麼說，我們還可以帶回去給家人吃了。

我們現在接觸的即食麵的發明人是安藤百福，他因為看到很多戰後貧困的日本人在寒風中等待一碗麵條，而萌發了製作即食麵的念頭。他從妻子製作炸蔬菜的方法中得到啟發，把麵條炸熟。同時他想出把湯汁濃縮做成醬料的方法，從而做出了好吃的即食麵。他以此成立了日清食品公司，現在日清生產的麵依然是世界上十分暢銷的即食麵。

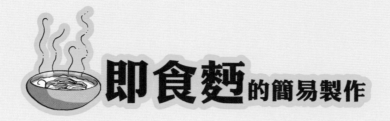

即食麵的簡易製作

在麵粉中加入適量的水，揉成軟硬適中的麵團，也可以在麵粉中加入幾個雞蛋，這樣味道會更鮮美。

用家用的小型壓麵條機把揉好的麵團壓成麵條，麵條粗幼均可。

麵條壓好後，放在蒸鍋裏蒸半個小時，火不要太大。

把蒸好的麵條擺在一個大漏勺裏，最好擺成一個圓圓的麵餅形狀，然後放進油鍋裏炸，直到麵條變成好看的金黃色。

麵餅炸好後，把油瀝掉，然後放置在砧板上自然晾乾。這樣，最簡單的即食麵就做好了，以後想吃的時候只要用熱水泡一下，加入配料就可以了！

油炸「秦檜」
——油條的由來

- 油條是一種由兩根長條形的兩首尾相接炸成的食物。
- 它是中國民間十分受歡迎的早點之一。

南宋年間，宰相秦檜與妻子王氏勾結金國，以「莫須有*」的罪名殺害了抗金名將岳飛。消息傳到百姓耳朵裏，人們對秦檜婦恨之入骨。

李四，你聽說了嗎，岳將軍已經被害了。

王二

李四

聽說了，岳將軍忠肝義膽，居然被秦檜那個奸人陷害，太沒天理了！

*莫須有：「莫須」是宋朝人的口語。意思是「大概、也許」。莫須有就是「也許有」，後來用於形容無中生有。

要是讓我王二碰到他，哼！

秦檜是宰相，有權有勢的，我們又能怎麼樣？

呵呵，我想到一個出氣的好辦法！

我們照着秦檜夫婦的樣子捏兩個麵人，然後把它們放進油鍋裏炸。

這真是個好主意！

一個吊眉*無賴，一個歪嘴刁婆。

哈哈，來，把它們背對背黏起來，掐進油鍋裏炸。

*吊眉：眉毛末端向上翹起。

大家來看油炸檜喔！大家來看油炸檜喔！

油炸什麼？

原來是秦檜這個奸賊，炸得好，炸得好，炸得秦檜吱吱叫！

油炸檜！哈哈！

正在這時，秦檜坐着轎子經過，百姓的聲入了他耳中。

93

秦檜

油炸檜？這是什麼東西？

停轎，去看看怎麼回事。

大人，他們好像在說炸你！

炸我？好大的膽子，來人，把他們抓過來！

你們好大膽，居然敢亂用本官的名字！

大人，你誤會啦，你是木字旁的「檜」，我們這可是火字旁的「燴」！

對呀，對呀，音同字不同！

算你們聰明，這次就饒了你們！（我是當朝宰相，不好和百姓計較……）

大人英明，以後我們炸「燴」一定都記得你。

這件事情一下子轟動了臨安城。人們紛紛趕來，想嘗一嘗「油炸檜」。王二和李四乾脆合伙做起了「油炸檜」的生意。

我要十個油炸檜！

好的！

這麼人能不能做得簡單點呢？

95

好主意，就這麼做吧！

不如我們把麵團切成小條，一根是秦檜，一根是王氏，把它們貼在一起炸！

這種簡化的「油炸檜」漸漸傳到了外地，變成了「油條」。

賣油條了！

賣油條了！

油條的由來富有傳奇色彩，它完全是偶然的產物，卻包含了許多情感，至今，有些地方仍會把油條稱為「油炸檜」。油條也因製作簡單、口感好而成為中國大眾最喜歡的食品之一。

應急的糯米磚頭
──年糕的由來 （2,400多年前，春秋）

- 年糕是一種傳統食物，經常在過年的時候食用，原料多為糯米。
- 傳說它的誕生和一位忠臣有關。

哈哈，有了這麼多兵馬，我就可以和其他諸侯較量較量了！

大王，我們還是不能放鬆戒備呀！

闔閭

伍子胥

春秋戰國時，吳王闔閭繼位，幫他奪權的伍子胥成為吳國的重臣。

嗯，那就建一座銅牆鐵壁的大城。

是！

抓緊施工，保證質量。

不久，這座城就建好了，這就是「闔閭大城」。

哈哈，大王修建的城池真是又高大又堅固啊！

那是。

還有什麼軍隊能攻破我這鐵鑄一般的城池呢？哈哈！

大王萬萬不可因為城牆堅固就疏於防備呀!

知道了,囉唆!

城牆雖能阻擋敵人卻也會困住自己。若敵人圍而不打,吳國不就危險了?

大人言之有理,可現在的吳王怕是聽不進去!

我死後,如果國家有難,百姓斷糧,你們去城牆下挖地三尺*,就能找到食物。

哦?

是!

地下能有吃的?會有這種好事?大人怕是喝多了吧?

*尺:古代長度單位,春秋時期一尺大約為20厘米。

多年之後伍子胥去世，他死後不久，越國大舉進攻吳國，吳國大敗，都城被圍，城中糧食緊缺。

吳國完了，我們沒有糧食，城外也沒有援兵。

果真如伍子胥大人所料。如果他還活着，我們怎麼會落到這步田地啊！

對了，大人不是囑咐過城牆下有糧食嗎？不如我們去看看。

於是人們半信半疑地挖開城牆下的土地……

挖這裏……

這是？

晶瑩剔透……

大人，這磚是用糯米粉做的。

真的？

原來子胥大人早有准備，用糯米粉做磚，以儲備糧食應急。

通過把糯米磚蒸熟後食用，吳國人渡過了難關。後來，每到過年，吳國人就用糯米做成磚頭模樣的糕點來表達對伍子胥的敬仰。漸漸地，人們就把這種糯米磚稱為「年糕」。

真好吃！

賣年糕了！黏甜可口，煮後不膩，乾後不裂，久藏不壞！

關於年糕還有另一種說法。傳說在遠古時期有隻叫「年」的怪獸，每到嚴冬季節就會下山傷害百姓。後來有個聰明的部落——「高氏族」，在怪獸快要下山覓食時，事先用糧食做了大量食物，切成一塊一塊地放在門外。「年」吃到了現成的食物後，就不再傷害百姓了。因為食物是高氏所製，目的是為了餵「年」，於是人們就把「年」與「高」連在一起，稱為「年糕」。

放壞了的剩飯
——酒的由來 (3,900多年前，夏朝)

- 酒，用糧食或葡萄等發酵製成的含乙醇的飲料。
- 人類飲酒的歷史悠久。

中國夏朝有位國君叫少康，由於宮廷政變，他年少時便與母親避難在外，以放羊為生。

天亮了，該去放羊了。

在外面放羊注意安全，別又忘了吃飯。

遵命，母親大人！

103

不刻苦學習怎麼能復興國家,現在先填飽肚子,繼續努力!

媽媽做的飯真香啊!

還有這麼多啊!我已經吃不下了,可是剩下又會被罵……

嘿,有了!把剩飯倒進樹洞裏好了!

小羊小羊真幸福，你吃草來我習武……

這樣過了幾天，少康早忘了剩飯的事。當他路過那顆樹洞時，卻有了新發現。

嘩，好香啊！這是……

咦？這不是我前幾天倒進去的剩飯嗎？這不是飯香啊！這裏面還有不少清湯啊……

這香氣是從這清湯裏飄來的，嘗一口沒事吧？

嘩，好喝！

怎麼喝了那些東西以後，雖然覺得身子輕飄飄的，但身心舒暢呢？難道是那些水的功效？

這些高粱是準備冬天給羊吃的，現在都快被你用光了！

經過反覆研究試驗，少康以高粱為原料，釀成了最早的酒——秫酒。

就是這個味道，終於成功了！

什麼成功了？

母親大人嘗過就知道啦！

由於少康也叫杜康，其所造之酒就被命名為杜康酒。

好喝！你以後不要再用糧食餵羊了，都拿去釀酒吧……

遵命，母親大人！

少康後來成為一位帝王，而他釀製的秫酒奠定了我國白酒製造業的基礎。因此，後世稱少康為「釀酒始祖」或者「酒聖」。少康造酒之後，經過歷代釀酒者的精心調製，又出現了白酒、黃酒等佳釀，我國的白酒更是世界六大蒸餾酒之一。

傳統的釀酒工藝

　　中國釀酒的歷史源遠流長，至今已有 3,000 多年。酒在中國的文化中，也佔有重要的地位。酒的用途廣泛，可以入藥，也能用於烹飪，更有不少古代詩人會以酒為題。讓我們一起來了解一下我國傳統的釀酒工藝吧！

2. 蒸飯

1. 浸米

7.封壇

8.儲藏

3. 落缸

4.發酵

5.壓榨

6.煎酒

神農氏的清腸藥
——茶的由來 （5,000多年前，上古）

- 茶是用茶樹的葉子加工而成的，它可以用開水直接沖泡飲用。
- 中國是世界茶文化的發源地，適當喝茶有益身體健康。

傳說，有一次神農氏在野外用鍋煮水的時候，剛好有幾片葉子飄進了鍋中。

糟糕！

水的顏色怎麼變了？難道那些葉子有毒？

為了人類醫學和農業的發展，我早已做好獻身的準備了！就算有毒我也要喝！

居然這麼好喝！有種清香的氣味，還很解渴！

神農氏根據過去嘗百草的經驗，判斷這種葉子一定可以飲用，而且是一種良藥。

這個泡水很好喝，而且沒有毒，大家都來嘗嘗吧！

真的嗎？聞起來倒是挺香的！

傳說這就是茶葉被發現的過程。

除此之外，傳說中還有一種更神奇的說法，說神農氏有個水晶般透明的肚子。

因此，他可以直接觀察植物進入自己肚子之後的身體反應。

這種葉子在肚子裏「查」來「查」去，可以清潔腸胃，真是個好東西！

不如就叫它「查」吧！

後來，人們把「查」叫成「茶」。雖然這只是一個傳說，但是人們飲茶的習慣卻因此保留下來，並慢慢成為一種獨特的文化。

一碗喉濕潤，兩碗破孤悶。

茶真是好喝啊！

中國是茶樹的原產地，「茶」字的基本義是「苦菜」。上古時期人們對茶還缺乏認識，僅僅根據它的味道，把它歸於苦菜一類，後來認識到它的獨特功效，就把茶作為一種日常不可缺少的飲料了。從唐朝開始，茶流傳到中國附近不同的地區及國家，成為人們生活的日常飲品。

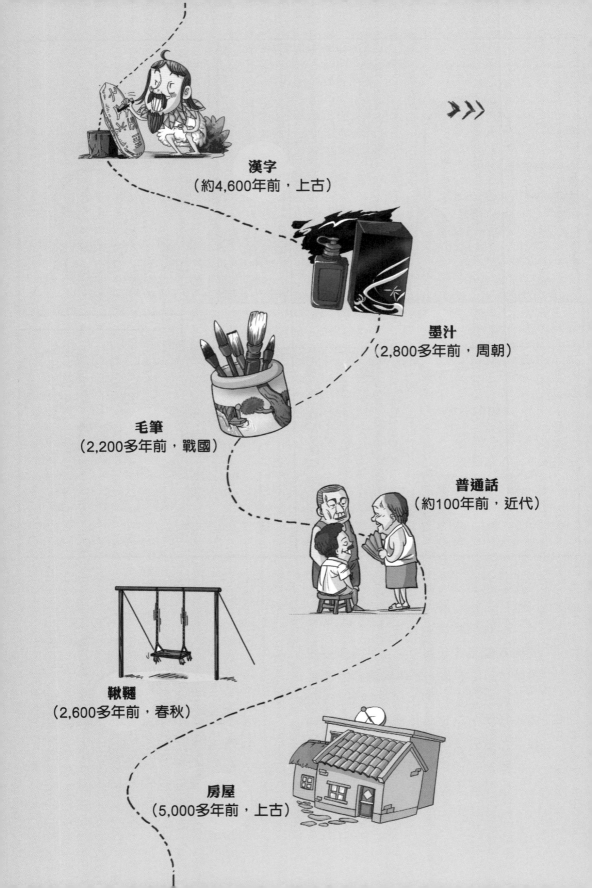

漢字
（約4,600年前，上古）

墨汁
（2,800多年前，周朝）

毛筆
（2,200多年前，戰國）

普通話
（約100年前，近代）

鞦韆
（2,600多年前，春秋）

房屋
（5,000多年前，上古）

流傳至今的
文明產物

在中國數千年的發展中，產生不少令中國人感到自豪的文化。漢字以及悠久的國學文化，越來越讓全世界都感受到中華民族特有的魅力。那麼這些中華文化中一些特有的元素是怎麼來的呢？來看看下面這些故事吧。

倉頡造字
——漢字的由來
（約4,600年前，上古）

- 漢字是一種圖形文字，它已經有4,000多年的歷史。
- 它有不同於西方語言的獨特特點，形象生動。

相傳在上古時期，黃帝統一各個部落後，讓一個叫倉頡的人去管理部落裏的牲口和糧食。

這份重要的差事就交給你了！

倉頡啊，你記性好，腦子靈活！

黃帝

倉頡

是，我一定把它們管理好。

一開始，倉頡把部落裏的雞鴨牛羊數量都一一記在腦子裏。

五隻雞，六隻羊。

可是隨着部落的壯大，糧食和牲口的數量不斷增加，單靠腦子根本記不住全部的數量。

倉頡大人，這是我們新抓的野雞。

現在我們部落有多少隻野雞了？

好像是133隻野雞，不對，是123隻……

等一下，似乎有些亂。

這時，倉頡想到了前輩們使用結繩來記數的方法。

嗯，一個結對應一隻羊，這下就不會忘記啦。

剛剛有兩隻羊被狼拖走了！

什麼？我打的可都是死結！

這個方法加容易，減就麻煩了！

倉頡又想到了在繩子上打圈圈，在圈子裏掛上各式各樣的貝殼，來代替他所管的東西的辦法。

增加了就加一個貝殼，減少了就去掉一個貝殼。

這方法好像不錯，應該能用好幾年。

哈哈哈，厲害吧。

倉頡如此能幹，今後獵物分配、部落人數……一切內務都由你來管理。

是，首領。

黃帝見倉頡這樣能幹，讓他管的事情越來越多。

這次憑着添繩子、掛貝殼已經不行了。怎麼才能不出差錯呢？

倉頡為此日思夜想，就是沒有好主意。

這天，倉頡隨部落去狩獵，走到一個三岔路口時，看到幾個老人正為往哪條路走而爭辯。

往東！那邊有羊！

往北，前面不遠能追到鹿羣！

往西邊去，那裏有肥美的野雞，好打又好吃！

難道哪邊有什麼東西是靠想像的嗎？這些你們怎麼知道的？

我們通過地上動物的腳印認定的。

不同動物的腳印不同。

一看你就知道你沒有打獵的才能……

既然一個腳印代表一種野獸，我為什麼不能用不同符號來表示我所管的東西呢？

於是，倉頡開始創造各種符號來表示事物，果然把事情管理得井井有條。

這是日、山、月……

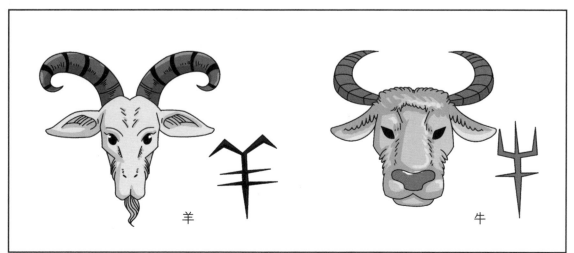

羊　　　　　　　　　　牛

眉

畫出眼睛和眉毛，用眼睛來襯托出眉毛。

巢

用樹枝搭建的一個圓形的鳥窩，表示巢。

米

六個米粒長在一根稻梗上，用來表示米。

瓜

一根瓜藤加果實，用來表示瓜。

黃帝知道後，對倉頡大加讚賞，命令他到各個部落去傳授這些符號。

有了這些符號，就可以將命令清楚地傳達到每個部落了！

是！而且記事也很簡單。

漸漸地，這些符號的用法推廣開來，形成了文字。

兩塊肉加起來就是多！兩個木加起來就是林！

好……好簡單，好形象！

1. 文字不斷演變，到商朝出現了刻在龜甲獸骨上的甲骨文。

2. 商周出現了金文和石鼓文。

刻在鐘鼎的金文　　刻在石鼓上的石鼓文

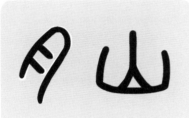

3. 到了秦朝，秦始皇廢除了原來六國的文字，創製了一種新的字體——小篆。

看，這就是漢朝的字。

那就是漢字了！

4. 西漢又出現了隸書，此後文字就被稱為「漢字」。

果然是名副其實的草書，我居然一個字都看不懂。

5. 隸書之後，又出現了草書。

6. 南北朝到唐朝期間又形成了楷書，這和我們現在的漢字筆畫結構幾乎一致。

此後，漢字的結構基本穩定，因為每個字形似方塊，所以又被稱為「方塊字」。

字如其人，寫字要正要直，做人也是如此。

1949年後，中國政府將「繁體漢字」進行了簡化，改為「簡體漢字」。

看到簡體漢字和繁體漢字的分別了嗎？

在世界上有很多人都使用漢字，使用歷史也十分源遠流長。四大文明古國中，古印度、古埃及、古巴倫也都曾經形成過自己獨特的文字，卻早已經消失，中華民族的五千年文明就是因為漢字的發明而傳承至今。

漢字的造字法

漢字的總數超過八萬個，常用的有幾千個。別看數量龐大，其實漢字只是通過幾種方法造出來，其中主要的是象形、指事、會意和形聲。

象形字

根據事物的形態特徵所造的字是象形字。象形是一種最原始的造字方法。漢字中有很多字都是象形字。比如「羊」字，就形似一個長着兩隻羊角，帶着胡鬚的羊頭。

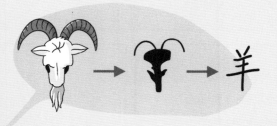

指事字

有很多字不能或者不方便用具體的形象表示，於是就採用一種抽象的符號來表示，這就是指事字。比如「上」和「下」，就採用一條曲線為界，曲線上加點表示上，曲線下加點表示下；「刃」字只是在「刀」字上加一點。

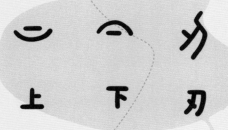

會意字

會意字是指將兩個或者兩個以上的獨體字，根據一定的意義合成一個新的字。比如「林」字，採用兩個「木」字來表示；「眾」字，則是用三個「人」字來表示。

形聲字

形聲字是一種合體造字，由形旁和聲旁兩部分組成。比如「楓」字，形旁是「木」，表示一種樹木，聲旁是「風」，表示讀音與「風」一樣。

梅　楓　橋

松炭的啟示
——墨汁的由來 （2,800多年前，周朝）

- 墨汁是用於書寫的一種液體，一般是黑色。
- 墨是傳統文化中的「文房四寶」之一。

傳說在周朝時，有一個擅長詩畫的人名叫邢夷。

咦，這是什麼東西？

原來是一塊沒燒完的松炭啊！

丟～

127

咦，我的手怎麼黑了，難道是剛才的松炭？

松炭既然能夠把我的手染色，那說不定還能用來寫字呢。

夫人，快給我找個搗藥罐！

咕嚕　咕嚕

你在磨什麼？先來吃飯吧。

我在研究秘方！

什麼秘方啊？

就是這個東西！

這不是炭嗎？哪裏是什麼秘方？

攪～

啊！你做什麼？

哈哈，我找到寫詩作畫的材料了！

從此，邢夷便用松炭粉末調成的液體寫詩作畫，這種液體就是我國最原始的墨汁。

你到處亂畫，我家的牆都要重新刷了。

既然要重刷，那就讓我把整面牆都畫完吧！

乍看上去，邢夷發明墨汁是因為巧合，其實不然。在他之前，相信一定已經有不少人發現了松炭會掉色的事，但從沒有人像他一樣善於思考和實驗，因此只有他發明了墨汁。一個人只有善於觀察和利用身邊的事物，不拘泥於事物的固有模式，勇於創新和突破，才能獲得通往成功之門的鑰匙。

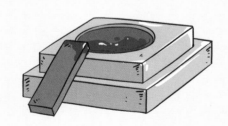

坑水浸泡的兔尾巴
——毛筆的由來　(2,200多年前，戰國)

- 毛筆是一種源於中國的傳統書寫工具，改良它的人卻是一個武官。

公元前223年，秦國大將蒙恬率兵在中山地區與楚國交戰，戰事拖了很久都沒結束。

為了讓秦王能及時了解戰場上的情況，蒙恬要給秦王寫戰況報告。

氣死我了！

將軍為何事生氣？

報告寫了很多次，筆真不好用，墨沾多了又要重寫！

將軍這幾日忙於軍政，不如出去打獵散散心吧！

嗯。

兄弟們，我們今天吃點野味吧！

將軍好身手啊！

拿上這最後一隻，我們回去吧。

怎麼了，將軍？

這兔毛很柔軟啊，如果用兔子尾巴上的毛來代替木簽寫字，會不會好一些呢？

將軍高見，不妨試一下。

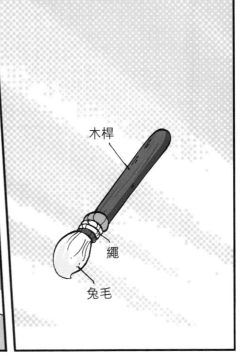

木桿

繩

兔毛

可惡，兔毛根本就不吸墨啊！

生氣的蒙恬把那支兔毛筆扔進了門前的山坑裏。

山坑中有些積水，筆掉進了裏面……

過了一段時間，蒙恬從坑邊路過，發現筆變得不同了。

奇怪，怎麼兔毛變得更白更軟了？

出於好奇，他又把筆撿回來，再次嘗試。

哈哈，不單寫起來流暢，字體也圓潤了！

原來，山坑裏的水含有石灰質，經過鹼性水的浸泡，兔毛變得柔順起來。

將軍，你真是天才！

我要把這種筆推廣出去。

這位改良了毛筆的蒙恬不單是個發明家，他也是秦始皇時期的著名將領，被譽為「中華第一勇士」。他還率領軍民修建了萬里長城，為世界留下了寶貴的物質文化遺產。

全國通用的標準漢語
——普通話的由來 (約100年前，近代)

• 普通話即現代標準漢語，是中國的官方語言。

語言是表達人類思想最基本的工具，自古以來人們就希望能夠通過說話互相交流溝通。

我覺得能靠談判解決的問題，就不需要動刀動槍。

好，我們就動嘴解決！

因地域與民族不同，世界上形成了各種不同的語言。

你好！

Hello！

안녕하세요！

Bonjour！

こんにちは！

世界上很多人是使用漢語的。

英語是世界上廣泛使用的語言。

漢語是怎麼來的呢？這要從中國古代說起。當時在中國散落着許許多多的部落，每個部落都有自己的語言……

後來，由於民族的融合和通商的需要，人們開始互相學習對方的語言。

什麼？你要來這邊的部落做生意？

嗯嗯，這樣我們可以互通有無，使大家生活得更好。

我花了五年時間，已經學會你們三個部落的語言了。

但是，我們這裏有三十幾個部落，三十多種語言！

這些部落逐漸融合，從黃帝時期一直到漢朝，形成了一個強大的民族——漢族。漢族因為其強大的影響力，逐漸把語言外傳給其他民族。

真的沒想到，我能統治這麼多的臣民。

是啊，皇上，現在說我們漢話的人越來越多了，就連北方的民族也開始學習我們的文化了。

後來天下又經過幾次分分合合，於隋朝再次統一。

今天皇上叫我們來幹什麼？（方言）

什麼？聽說南方要打仗？

……

唉，我們滅掉了宋、齊、梁、陳等國，建立了這個多民族國家！

但是南北各地語言不同，溝通起來太困難了，關鍵時刻還會誤事！

根本聽不懂。

沒錯。

是啊，這是個難題！

我們要恢復前朝漢文化，讓全國統一說漢語。

真是個好主意！

你是個大笨蛋！（方言）

什麼？你剛才說什麼？

此後，歷朝歷代都制定了不同的音韻作為當時國家的標準語言。

聽好了，這是本朝新定的標準語，每家一本，回去好好學習。

唉，我剛學會前朝的話沒幾天，現在又要學本朝的話了！

到了元、明、清三代皆定都北京，各地上京赴考、做官、經商的人越來越多，北京話逐漸流行。

我説啊，你要來北京做買賣，不學北京話怎麼能開張啊？

那是那是。（方言）

清朝入主中原後，定滿語為國語，但滿人是少數，所以全國通行的仍是漢語。

客氣了，還是説漢語的人比較多！

還是滿語好聽！

1728年，清朝雍正皇帝正式將北京話定為官方用語。

為什麼突然要學北京話呀？

你懂什麼？這叫官話，是現在最流行的。

1909年，清政府把官話改稱為「國語」。

大人，我們這次調查發現，全國很多語言都在向北京官話靠攏。

是嗎？那很好啊！

好是好，不過我們覺得「官話」這個稱呼不太妥當。

是啊，官話過去專指官場上說的話，但現在說官話的人越來越多，不單是在官場上了。

有道理，你們覺得應該怎麼改？

日本把他們的民族共同語稱為「國語」，我們可以借鑒他們，也叫國語。

國語？嗯，這個名字好啊！

到了民國時期，由於大力推廣白話文，「普通話」的說法出現了。

以往國語多是用文言文，不適合推廣。今後，我們要大力推廣中國各個地方使用普通話。

普通話？普通人説普通話，這個叫法好。

沒錯。

1949年後，普通話定義為以北京語音為標準音，以北方話為基礎的方言，並加以推廣。

你們知道嗎？我們現在説的都是普通話。

普通人講普通話。

和其他地方方言音系比較，普通話音系比較簡單，它的聲母、韻母、聲調，一般來説比其他方言少，因而比較容易掌握，所以就更容易推廣。

在空中盪起的遊戲
——鞦韆的由來 （2,600多年前，春秋）

- 盪鞦韆是一種古老的民間遊戲，深受兒童喜愛。
- 它的名字其實最開始叫千秋。

好多萬年前的上古時期，人類的祖先為了謀生，就會抓住藤蔓，利用慣性原理*，從一棵樹上盪到另一棵樹上，採集野果，追逐獵物。

啊啊啊啊啊啊！

中國春秋時期，北方的遊牧民族山戎很強大，他們經常南下侵犯燕國。

哈哈，牛羊和女人統統抓回去，男人統統殺掉。

敵人來了，快跑啊！

救命！

*慣性原理：物件在無其他外力影響下會傾向保持原本的狀態，即靜止的物體會傾向繼續保持靜止；移動中物體會傾向繼續移動。

144

燕國無力抵擋，只好向當時的盟主齊國的齊桓公求助。

別哭了，我不會袖手旁觀的。

山戎屢次侵犯燕國，燕國無力抵抗，你是盟主，一定要救救燕國呀！

於是，齊桓公出兵救助燕國，攻打山戎。

把逃掉的山戎兵全部抓回來，收繳他們的所有武器！

大王！饒命啊！

嗆！

不是他，我說的是千秋。

不搬財寶，卻讓我們搬木板！

嘿嘿，宮裏的人天天喊悶，有了這個千秋，他們就有得玩了！

不行，我先玩！

嗆！

讓我先玩！

啪！

呀！

啊！咚！

停！快停手！

齊桓公將千秋帶回中原後，它很快就成了十分受歡迎的遊戲。

此後，千秋漸漸傳開，名字也變成了鞦韆。到了唐宋時代，鞦韆成為婦女玩耍的遊戲，宋朝的女詞人李清照就很喜歡盪鞦韆。

蹴罷鞦韆，起來慵整纖纖手。露濃花瘦，薄汗輕衣透。

如今，鞦韆已經成了一種常見的娛樂活動。

宋朝的時候流行一種叫「水鞦韆」的表演——水中停兩大船，船頭上豎立着高高的鞦韆架。表演時，船上的雜耍藝人陸續登上鞦韆，用力地盪來盪去，當盪到橫架的高度時，雜耍藝人就借鞦韆迴盪的力量躍到空中，打幾個觔斗，然後躍入水中。這個動作和我們今天的跳水運動很像。

鞦韆，古時兩字均有「革」字旁。「千」字還帶「走」，意思是揪着皮繩遷移。

築木為巢
——房屋的由來

（5,000多年前，上古）

- 房屋，供人們居住的建築物。
- 中國因為獨特的文化和地理環境，所以有各式各樣的房屋。

上古時候，人們還不會建造房屋居住，容易受到毒蛇猛獸的威脅，經常有傷亡的危險。

老被野獸追，真是倒霉！

我們可以學學老鼠，在山坡上打洞來住。

對啊，這樣可以躲避猛獸，住得高還能避免被水淹呢。

後來，人們模仿穴居動物在山坡上打洞，或者找現成的山洞居住。

封住洞口，猛獸就進不來啦！

可是，山洞裏夏天悶熱，冬天陰冷。

我們什麼時候才能有一個既安全又舒適的地方睡覺呢？

這時候，有一個聰明人決定想辦法幫助大家改善居住環境。

看來住在山洞裏對人的身體非常不好，該怎麼辦才好呢？

鳥兒白天出去覓食，晚上回來休息，兇猛的野獸傷害不了它們。

是呀，真讓人羨慕呀！

不如我們也像鳥兒一樣，在樹上築巢吧。

在樹上築巢？

這麼大的巢是用樹枝和藤條做的？

那個聰明人學習鳥兒築巢的方式，在樹上蓋了個小房子。

嗯，我們把整個巢用樹枝遮擋得密密實實，既可以遮風擋雨，又可以防止野獸攻擊，而且非常舒適。

嘩，請你教我們做巢吧，我們也想住在裏面。

那個聰明人把做巢的方法教給了大家。他們做的巢就成了最早的房子。後人尊稱那個聰明人為「有巢氏」。

哈哈，我們終於有安全舒適的房子住了！

隨着時代的進步，建築材料不斷發展，就出現了不同的房屋。

人們在地面上利用茅草、木頭和泥土建造簡陋的房子，叫作茅屋，如劉備三顧茅廬時的「茅廬」就是指茅屋。

西周時期，人們發明了瓦片，用瓦片來造屋頂，這就是瓦房。

春秋戰國時，人們學會了燒磚，從此磚頭成為建造房屋的主要材料。看，那時候的宮殿已經建得很漂亮了。

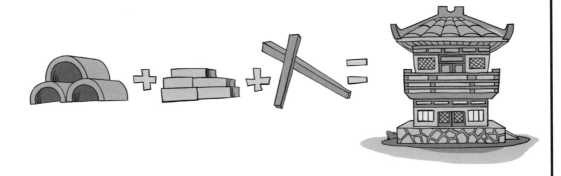

不僅不同時期的房屋形態有別，不同地域的房屋，形式也各式各樣。

俄羅斯的木刻楞房屋　　　　　　　　因紐特人的冰屋

中國西南地區的吊腳樓

草原上的蒙古包

大樹上的樹屋

黃土高原上的窰洞

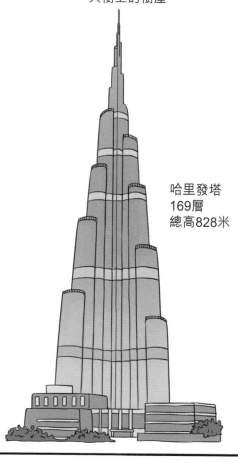

哈里發塔
169層
總高828米

到了現代，隨着鋼筋、水泥、玻璃的出現，房屋建得越來越堅固、美觀，而且越來越高，例如哈里發塔。

其實除了我們日常居住的房屋，很多我們經常聽到的詞也是房屋的一種，例如：宮殿、廟宇、府邸……這些都是房屋。

科普漫畫系列

漫畫萬物起源：中華智慧

作　　者：洋洋兔動漫

責任編輯：劉紀均

美術設計：鄭雅玲

出　　版：新雅文化事業有限公司

　　　　　香港英皇道499號北角工業大廈18樓

　　　　　電話：(852) 2138 7998

　　　　　傳真：(852) 2597 4003

　　　　　網址：http://www.sunya.com.hk

　　　　　電郵：marketing@sunya.com.hk

發　　行：香港聯合書刊物流有限公司

　　　　　香港荃灣德士古道220-248號荃灣工業中心16樓

　　　　　電話：(852) 2150 2100

　　　　　傳真：(852) 2407 3062

　　　　　電郵：info@suplogistics.com.hk

印　　刷：中華商務彩色印刷有限公司

　　　　　香港新界大埔汀麗路36號

版　　次：二〇二〇年四月初版

　　　　　二〇二一年五月第二次印刷

本書中文繁體字版權經由北京洋洋兔文化發展有限公司，授權香港新雅文化事業有限公司
於香港及澳門地區獨家出版發行。